赵廷昌 古勤生 宋凤鸣 张友军 王少丽 杨玉文 胡 俊 著

图书在版编目（CIP）数据

西瓜、甜瓜主要病虫害防治要领 / 赵廷昌等著. —北京：中国农业科学技术出版社，2015.11

ISBN 978-7-5116-2023-1

Ⅰ. ①西… Ⅱ. ①赵… Ⅲ. ①西瓜－病虫害防治方法②甜瓜－病虫害防治方法 Ⅳ. ①S436.5

中国版本图书馆CIP数据核字(2015)第060468号

责任编辑　姚　欢
责任校对　贾海霞
出 版 者　中国农业科学技术出版社
　　　　　北京市中关村南大街 12号　邮编：100081
电　　话　（010）82106636（编辑室）（010）82109704（发行部）
　　　　　（010）82109703（读者服务部）
传　　真　（010）82106636
网　　址　http://www.castp.cn
经 销 者　各地新华书店
印 刷 者　北京卡乐富印刷有限公司
开　　本　889mm×1 194mm 1/64
印　　张　1
字　　数　25 千字
版　　次　2015 年11月第1版　2016年8月第2次印刷
定　　价　10.00 元

版权所有・侵权必究

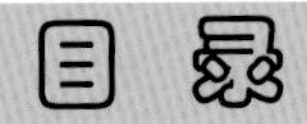

一、病害篇

二、虫害篇

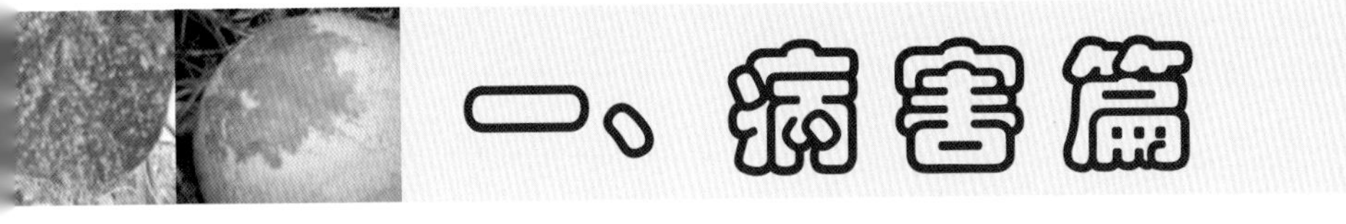

一、病害篇

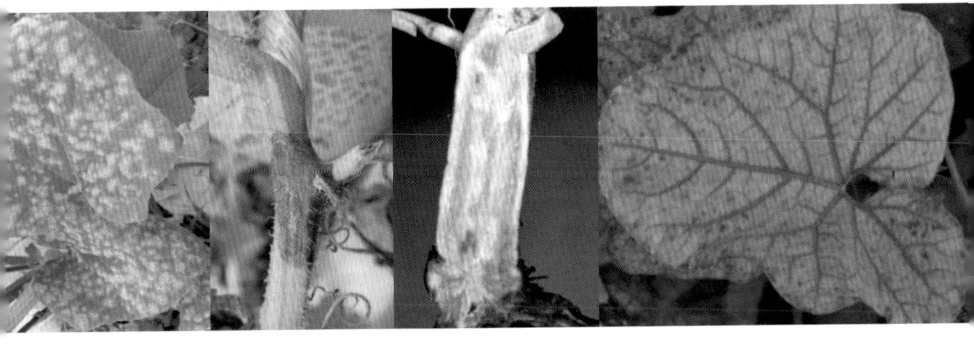

1. 西瓜、甜瓜主要病害种类及其发生时期

西瓜、甜瓜病害种类繁多，大多数病害在整个生育期均可发生，有些病害发生严重、损失巨大。病害防治应遵循“预防为主、综合防治”的方针，重点立足于预防，即施行从种子种苗、育苗、生长期管理到收获后藤蔓田园清理这一过程中病害预防、防治等全程管理，做到“降低有效菌源、阻断传播途径、减少人为扩散、及时防治处置”。

在生产中，农户要勤查细访瓜田或瓜棚，密切注意西瓜、甜瓜各生育期的病害发生动态，及时采取预防和防治措施。本要领列出了各种病害的主要防治措施及药剂，根据病害的不同选择适宜的防治方法。

主要病害种类及其发生时期

种子	苗期	定植期	伸蔓期	结瓜初期	结瓜盛期	结瓜中后
果斑病	猝倒病	枯萎病	枯萎病	枯萎病	枯萎病	白粉病
黄瓜绿斑驳花叶病毒病	立枯病	根腐病	根腐病	蔓枯病	霜霉病	炭疽病
	炭疽病	疫病	蔓枯病	霜霉病	白粉病	叶枯病
	疫病	果斑病	霜霉病	炭疽病	蔓枯病	蔓枯病
甜瓜坏死斑点病	果斑病	甜瓜蚜传黄化病	炭疽病	灰霉病	炭疽病	叶枯病
	褪绿黄化病	花叶病	疫病	疫病	叶枯病	叶斑病
	花叶病	褪绿黄化病	果斑病	果斑病	叶斑病	花叶病
	黄瓜绿斑驳花叶病毒病	黄瓜绿斑驳花叶病毒病	黄瓜绿斑驳花叶病毒病	黄瓜绿斑驳花叶病毒病	黄瓜绿斑驳花叶病毒病	黄瓜绿斑驳花叶病毒病
	甜瓜蚜传黄化病	甜瓜坏死斑点病	花叶病	花叶病	果斑病	褪绿黄化病
	甜瓜坏死斑点病	甜瓜黄化斑点病	褪绿黄化病	褪绿黄化病	花叶病	甜瓜蚜传黄化
	甜瓜黄化斑点病	甜瓜皱缩卷叶病	甜瓜蚜传黄化病	甜瓜蚜传黄化病	褪绿黄化病	甜瓜坏死斑点
	甜瓜皱缩卷叶病		甜瓜坏死斑点病	甜瓜坏死斑点病	甜瓜蚜传黄化病	甜瓜黄化斑点
			甜瓜黄化斑点病	甜瓜黄化斑点病	甜瓜坏死斑点病	甜瓜皱缩卷叶
			甜瓜皱缩卷叶病	甜瓜皱缩卷叶病	甜瓜黄化斑点病	
					甜瓜皱缩卷叶病	

2. 瓜类细菌性果斑病

西瓜叶片上发病症状　　西瓜果实上发病症状

【发生时期】全生育期都可发病。

【识别要点】受侵染后植物子叶首先表现症状，叶缘或叶尖端出现水浸状小斑点，逐渐扩展连片，形成不规则或条纹形病斑，病斑边缘黑褐色，逐渐坏死。病菌在适宜的温度、湿度条件下叶片背面有菌脓溢出，

甜瓜叶片上发病症状

甜瓜果实上发病症状

随后病斑迅速扩展至嫩茎，严重时，导致植株倒伏。受害真叶表现为初期水浸状小斑，遇适宜环境继续扩展，病斑周围有浅黄色晕圈，病斑受叶脉限制扩展呈不规则形，扩大后的病斑遇高温炎热天气而干枯穿孔。西瓜和甜瓜果实发病症状不一致。西瓜果实被侵染后表现为水浸状大斑，病斑连成一片，最终覆盖果面，严重时，受侵染的果皮凹陷并皲裂，有乳白色菌脓溢出，后期斑病发展至果肉，直接影响果实的商品价值。

【防治措施】

□**种子消毒处理**：防控果斑病种子处理是关键。72％硫酸链霉素1000倍液浸种60分钟后催芽播种；或用40%福尔马林200倍液浸种30分钟；或用1%盐酸浸种5分钟，紧接着用清水浸泡5～6次，每次30分钟，再催芽播种。药剂浓度和浸种时间一定要把握好，并应该对未经处理过的种子进行少量处理实验，以免大量处理种子时出现药害（无籽西瓜不能用酸处理）。

□**幼苗期药剂防治**：可应用抗生素和铜制剂。在出苗后，用2％春雷霉素500倍液或2％春雷霉素500倍液+农用硫酸链霉素3000倍液进行预防保护，每隔7～15天喷雾1次。幼苗和成株发病初期，用50％氯溴异氰尿酸水溶性粉剂 (消菌灵)800倍液；或200毫克/千克的新植霉素；或72％农用硫酸链霉素1500倍液；或3% 中生菌素可湿性粉剂500 倍液喷雾。也可用46.1％氢氧化铜干悬浮剂(可杀得3000)1000倍液；或77％可杀得微粒粉剂1000倍液；或47％春•王铜可湿性粉剂(加瑞农)800倍液喷雾。喷药时应做到均匀、周到、细致（叶片背面也需喷）。每隔7天用药1次，连续用药3～4次。

□**田间管理**：及时清除病残体；应用地膜覆盖和滴灌设施，降低田间湿度和避免灌水传染；适时进行整枝、打杈，保证植株间通风透光；合理增施有机肥,可以提高植株生长势，增强抗病能力；发现病株，及时清除；禁止将发病田中用过的工具拿到无病田中使用。

3. 西瓜、甜瓜花叶病

西瓜花叶病　　　　甜瓜花叶病

【发生时期】露地春秋季均可发生，结果期为严重发生时期。

【识别要点】叶片呈花脸状，有些部位绿色变浅。在病毒早期侵染时，也会造成植株矮缩，不结瓜，一些病株结的瓜出现畸形。

【防治措施】

□**种子消毒处理：**采用10%磷酸三钠浸泡种子20～30分钟。

□**田间管理：**清除田间杂草，适当提早播种定植，采用防虫网，增施有机肥和腐殖酸肥料，提高作物抗病性。

□**药剂防治：**病毒A：盐酸吗啉胍•铜（20%可湿性粉剂，500～800 倍液）；植病灵：硫酸铜+三十烷醇+十二烷磺酸 （1.5%植病灵II号乳剂1000～1200 倍液）；病毒必克：病毒钝化剂Raboviror+抑制增抗剂STR（3.95%可湿性粉剂，500倍液）； 抗毒丰：0.5%菇类蛋白多糖水剂 200～300倍液 ；NS83增抗剂：100倍液 ；壳寡糖：50微克/毫升；宁南霉素：(2%，8%水剂，菌克毒克)250倍液；嘧肽霉素：4%水剂，200～300倍液。

4. 西瓜绿斑驳花叶病

苗期发病

成株发病

瓜呈现倒瓤

【发生时期】通常是嫁接西瓜在果实发育期发生严重。

【识别要点】该病由黄瓜绿斑驳花叶病毒引起。叶片沿边缘向内部分绿色变浅。叶片呈不均匀花叶、斑驳，有的出现黄斑点。病毒可引起西瓜果实成水瓤瓜、瓤色常呈暗红色，不能食用，失去商品价值。

【防治措施】

- 关键抓好健康种苗，严格检疫，不允许带毒的西瓜、甜瓜、葫芦、南瓜、野生西瓜和甜瓜砧木流入市场。减少田间的人工操作，如少整枝打杈等。适当喷施硼肥，可减轻该病症状。整枝打杈时不要接触病株。少量发生时拔除病株。
- 种子生产商需要对种子进行干热处理：种子在72℃干热处理72小时，可以有效减轻病毒病尤其是黄瓜绿斑驳花叶病毒病的发生。种子处理时要求温度控制严格，同时需要内部通风好，且使用精密的仪器设备，根据韩国的经验，种子先经过35℃ 24小时、50℃ 24小时，72℃ 72小时，然后逐渐降温至35℃以下约需24小时的程序设定处理。采用的砧木要检测确定不带毒。
- 种植者需要对种子进行消毒：采用10%磷酸三钠浸泡种子20～30分钟。

5.甜瓜蚜传黄化病

苗期发病

成株发病

【发生时期】春季发生相对较少，以秋季发生为主。

【识别要点】经瓜类蚜虫传播黄化病毒引起。叶片黄化，叶脉仍绿，叶片变脆、硬、厚。自中下部向上发展至全株。

【防治措施】

- 防除田间杂草，育苗时注意剔除病苗。
- **严格控制蚜虫**：秋季采用防虫网栽培，也可在瓜田悬挂银灰色塑料或地膜条；悬挂黄色粘板（20块/亩）诱杀有翅蚜。蚜虫点片发生时，进行局部针对性喷雾（即挑治），选用3%啶虫脒乳油1500倍液或10%吡虫啉可湿性粉剂2000倍液、25%噻虫嗪水分散粒剂5000倍液、2.5%联苯菊酯乳油3000倍液等。棚室瓜蚜发生较普遍时，适合点燃烟剂薰杀蚜虫。

6.甜瓜褪绿黄化病

初期叶片褪绿

后期全株黄化

【发生时期】春季轻发生少，秋季发生为主。

【识别要点】该病由瓜类褪绿黄化病毒引起，通过烟粉虱传播。叶片首先慢慢褪绿，直至黄化，叶脉仍保持绿色，叶片不变脆、不变硬、不变厚。病毒病自中下部向上发展。

【防治措施】

- 防除田间杂草。
- 防治烟粉虱的田间栽培措施：如双蔓留单瓜或采用吡虫啉颗粒缓释剂在定植前沟施能够更有效地控制烟粉虱的发生。可采用防虫网、悬挂黄板等。
- 减少烟粉虱是防治该病的关键，如果虫体密度大，则该病难于控制，所以早期一定要及早防治烟粉虱。其他防治烟粉虱的方法详见本书第42页。

7.甜瓜坏死斑点病

【发生时期】春季发生。

【识别要点】该病由甜瓜坏死斑点病毒引起，通过种子和土壤中的油壶菌传播。叶片上出现坏死斑点，密密麻麻。蔓上也出现坏死斑点。

【防治措施】

□ **栽培管理：**在水位高的地区起高垄栽培，同时控制土壤水分。夏季通过高温闷棚减少土壤中油壶菌的数量。

□ **种子处理：**种子通过干热处理（见绿斑驳花叶病部分）和10%磷酸三钠浸泡种子20～30分钟，可有效控制该病害发生。

□ 另外整枝打杈时要注意避免接触病株。

8. 甜瓜黄化斑点病

【发生时期】在海南三亚每年3～4月大发生。

【识别要点】该病由甜瓜黄化斑点病毒引起，通过蓟马传播。叶片上出现黄化斑点，密布全叶。

【防治措施】

- 清除田间杂草，种植时采用全园整地覆盖地膜，切断蓟马的生活史（其他防治蓟马的方法见虫害部分）。
- **药剂防治：**可选择6%乙基多杀霉素悬浮剂2500～3000倍液、10%溴虫腈悬浮剂1000倍液、1.8%阿维菌素乳油2500倍液或0.3%苦参碱乳油1000倍液。苗期可使用噻虫嗪灌根，防治效果优良。棚室内也可进行熏烟防治。

9.甜瓜皱缩卷叶病

【发生时期】

在海南每年3～4月发生。

【识别要点】

该病由中国南瓜曲叶病毒引起，通过烟粉虱传播。发病时，甜瓜顶端叶片往下卷，植株矮化，不变色，仍绿。

【防治措施】

可参考甜瓜褪绿黄化病防治措施（本书第15页），重点防治烟粉虱，减少传毒昆虫群体数量。

10. 枯萎病

西瓜伸蔓期叶片萎蔫

维管束呈褐色

甜瓜植株萎蔫

【发生时期】全生育期均可发病，以结瓜盛期发病最重。

【识别要点】主要为害植株根茎部。子叶不均匀黄化，萎蔫下垂，茎基部缢缩。根茎发病初期发育不良，后期呈褐色腐烂，易拔断。伸蔓期—成株期植株一侧或基部叶片黄化，午后下部叶出现缺水状萎蔫，傍晚能恢复；反复多次后，病株枯死。病株茎蔓表现纵裂，表面有粉红色物；病茎维管束呈黄褐色。

【防治措施】

□ **轮作：**与水稻、非瓜类作物轮作3年以上。

□ **嫁接防病：**用西葫芦、黑籽南瓜做砧木进行嫁接。

□ **土壤消毒：**棚室闲置期或收获后高温晴热时进行太阳能消毒处理2周；棉隆（必速灭）微粒剂25～30千克/亩撒施，盖膜10～15天，深耕作畦，5～7天后种植。

□ **药剂防治：**伸蔓期至成熟期，用25%咪鲜胺；或70%恶霉灵；或50%异菌脲1500倍液；或50%多菌灵500倍液等灌根处理。每2～3周用药1次。

11.根腐病

根茎部腐烂

瓜苗根茎部变褐腐烂

西瓜伸蔓期植株叶片失水萎蔫

【发生时期】苗期、移栽后伸蔓期易发病。

【识别要点】多发生在根和根茎基部。病株根系黄褐色腐烂，逐渐蔓延至全根；根茎部褐色腐烂，但不向枝蔓扩展。中午前后光照强时，植株上部叶片萎蔫，但夜间能恢复；病情严重时，萎蔫叶片不能恢复，病株逐渐枯死。发病根茎部腐烂，但茎蔓内维管束一般不变褐。

【防治措施】

□**轮作：**与水稻、非瓜类作物轮作3年以上。

□**土壤消毒：**棚室闲置期或收获后高温晴热时进行太阳能消毒处理2周；棉隆（必速灭）微粒剂25～30千克/亩撒施，盖膜10～15天，深耕作畦，5～7天后种植。

□**药剂防治：**发病后用43%戊唑醇1000倍液；30%己唑醇3000倍液；70%甲基硫菌灵750倍液；10%苯醚甲环唑2000倍液等灌根或泼浇。每5～7天防治1次，连续2～3次。

12. 蔓枯病

西瓜叶片和茎部症状

甜瓜叶片和茎部症状

【发生时期】伸蔓期—座果期易发病。

【识别要点】主要为害叶片和茎蔓。叶片多从边缘发病，形成黄褐色或灰白色病斑，易破碎。茎部多在茎基部和节部发病，初为油浸状病斑，后变白色。病茎表皮龟裂和剥落，扭曲成麻丝状，但维管束不变色，有别于枯萎病。

【防治措施】

□**轮作：**与水稻、非瓜类作物轮作3年以上。

□**栽培管理：**通风透光，小水灌溉或滴灌。

□**药剂防治：**发病初期用40%百菌清600倍液、50%氯溴异氰尿酸1000倍液、30%苯醚甲环唑1500倍液、70%甲基硫菌灵800倍液等喷雾，重点喷施植株中下部茎叶和地面，每5～7天防治1次，连续2～3次。重病株可用上述药液涂抹病部。

13.炭疽病

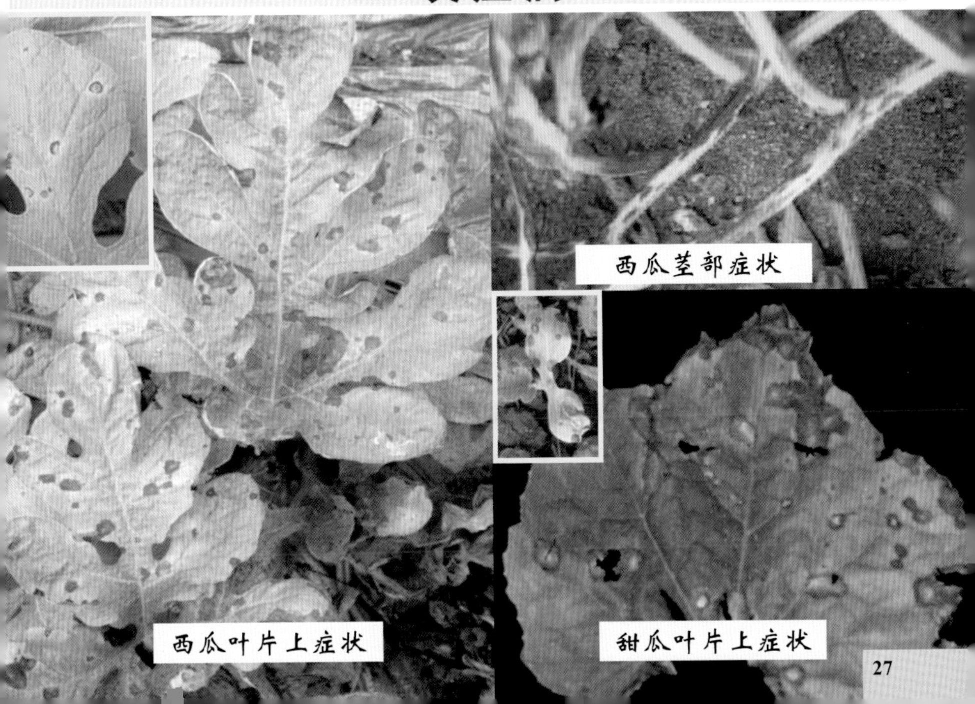

西瓜茎部症状

西瓜叶片上症状

甜瓜叶片上症状

【发生时期】全生育期均可发病。

【识别要点】主要为害叶片和茎蔓。叶片上病斑近圆形，灰褐色至红褐色，干燥时易破碎。茎蔓上病斑为椭圆形或长圆形，黄褐色，稍凹陷，后期开裂，严重时病斑连接，绕茎一周，植株枯死。

【防治措施】

- **合理轮作：**与水稻、非瓜类作物轮作3年以上。
- **栽培管理：**通风透光，小水灌溉或滴灌，及时清除病叶病株。
- **药剂防治：**发病初期用25%溴菌腈500倍液、45%咪鲜胺2500倍液、30%己唑醇3000倍液、70%甲基硫菌灵750倍液等喷雾防治。每5～7天防治1次，连续2～3次。

14.白粉病

西瓜叶片初期和后期症状

甜瓜叶片初期、后期症状

【发生时期】全生育期均可发病，中、后期发病重。

【识别要点】主要为害叶片。发病初期，叶片正面出现白色粉状霉点，逐渐扩大成较大白色粉状霉斑，呈不规则形，严重时全叶覆盖白色粉状斑。叶背面出现不规则枯死斑，无粉状物。

【防治措施】

□ **栽培管理：**合理密植，通风透光；发病初，及时摘除病叶烧毁。

□ **棚室消毒：**种植前用硫磺粉或45%百菌清烟剂密闭熏蒸消毒。

□ **药剂防治：**发病初期用25 %三唑酮2000～3000倍液、10%苯醚甲环唑1000倍液、5%己唑醇1500倍液、30%醚菌酯2000倍液等均匀喷雾。每7～10天防治1次，连续2～3次。注意轮换用药，防止病菌产生抗药性。

15.霜霉病

西瓜叶片正面和背面症状

甜瓜叶片初期和后期症状

【发生时期】全生育期均可发病。

【识别要点】主要为害叶片。下部叶片开始发病，叶面出现水浸状浅黄色病斑，逐渐扩大，受叶脉限制，呈多角形淡褐色或黄褐色；后期病斑连片，呈黄褐色，严重时，叶片干枯死亡。空气湿度大时，叶背长出霜状霉层，有别于白粉病。

【防治措施】

- **栽培管理：**严禁大水漫灌；大棚栽培时，要调控好温湿度，保持通风。
- **药剂防治：**条件适宜时霜霉病发病和流行极快，喷药防治必须及时、周到和均匀。发病初期用25%甲霜灵500倍液、50%烯酰吗啉1500倍液、72%霜霉威800倍液、90%疫霜灵500倍液等均匀喷雾。每7～10天防治1次，连续3～4次。

16. 疫　病

【发生时期】全生育期均可发病。

【识别要点】主要为害叶片、根茎及果实。根茎初期产生暗绿色水渍状病斑，扩展成环茎，软腐状、缢缩，病部以上叶片萎蔫枯死，维管束不变色。叶片发病时产生暗绿色水渍状病斑，扩大为近圆形或不规则大型黄褐色病斑，空气湿度大时，叶片腐烂。

【防治措施】

□**合理轮作：**与茄科作物轮作3年以上。

□**栽培措施：**大棚勤通风；滴灌，切忌漫灌；及时拔除病株。

□**药剂防治：**发病初期用50%烯酰吗啉1500倍液、80%代森锰锌600倍液、58%甲霜灵锰锌500～600倍液、64%杀毒矾400～500倍液等均匀喷雾，每5～7天防治1次，连续3～4次。

17.叶枯病、叶斑病和灰霉病

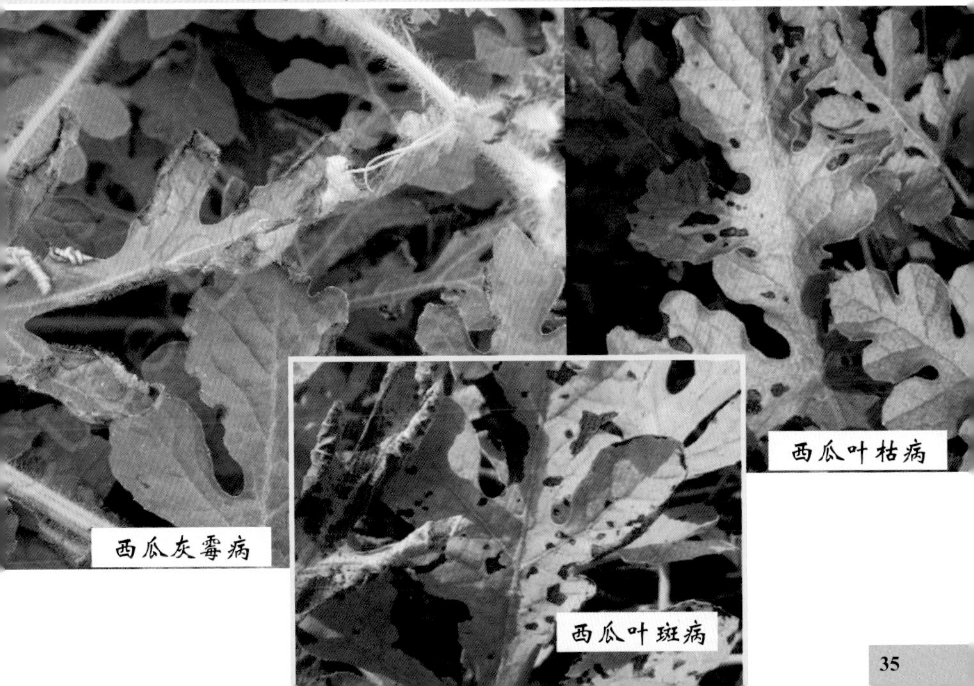

西瓜灰霉病

西瓜叶斑病

西瓜叶枯病

【发生时期】全生育期均可发病，中后期发病重。

【识别要点】主要为害叶片。**叶枯病**多发生在叶缘或叶脉间，初为水渍状病斑，扩大成直径2～3毫米圆形褐斑，潮湿时成大褐斑，引起叶枯。**叶斑病**病斑边缘褐色至紫褐色，近圆形或不规则形，中间有1个白色中心，微有轮纹，外围可见黄色晕圈。**灰霉病**多从叶缘或叶尖发病，呈“V”字形、半圆形至不规则形水渍状病斑，具轮纹，后变成红褐色至灰褐色大病斑。

【防治措施】

□**常规措施：**可参考炭疽病防治措施（本书第28页）。

□**药剂防治：**发病初期**防治叶枯病和叶斑病**可用甲基硫菌灵70%粉剂750倍液或36%悬浮剂600倍液、30%己唑醇3000倍液等均匀喷雾；**防治灰霉病**可用40%嘧霉胺1000倍液、50%异菌脲1000倍液、50%腐霉利1000倍液等药液喷雾。每5～7天防治1次，连续2～3次。

二、虫害篇

1. 西瓜、甜瓜主要害虫种类及其发生时期

西瓜、甜瓜害虫种类繁多，大多数害虫在整个生育期均可发生，有些害虫发生严重，部分种类传播病毒病，造成更大的损失。害虫防治应遵循“预防为主、综合防治”的方针，重点立足于预防，即实行从培育无虫苗、定植健康苗、生长期管理收获后这一过程中的全程害虫防控管理，做到“降低初始虫源、田间密切监测、及时预防控制”。

在生产中，农户要勤查细访瓜田或瓜棚，密切注意西瓜、甜瓜各生育期的害虫发生动态（详见下表），在明确害虫发生种类基础上，及时采取预防和控制措施。本要领列出了各种害虫的主要防治方法和技术，农户可根据当地实际情况科学选用相同或类似农药品种，并轮换使用。

主要害虫种类及其发生时期

苗期	定植期	伸蔓期	结瓜初期	结瓜盛期	结瓜中后期
烟粉虱	烟粉虱	烟粉虱	烟粉虱	烟粉虱	烟粉虱
蚜虫	蚜虫	蚜虫	蚜虫	蚜虫	蚜虫
蓟马	蓟马	蓟马	蓟马	蓟马	蓟马
叶螨	叶螨	叶螨	叶螨	叶螨	叶螨
斑潜蝇	斑潜蝇	斑潜蝇	斑潜蝇	斑潜蝇	斑潜蝇
		守瓜	守瓜	守瓜	守瓜
		瓜绢螟	瓜绢螟	瓜绢螟	瓜绢螟
			瓜实蝇	瓜实蝇	瓜实蝇

2.烟粉虱

烟粉虱成虫

叶背的烟粉虱若虫

烟粉虱为害叶片产生的煤污病

【发生时期】全生育期均可发生。

【识别要点】以成虫和幼虫刺吸植物汁液，并传播病毒病。烟粉虱成虫体呈淡黄色，体型微小。前翅合拢时呈现明显的屋脊状，通常从两翅中间缝隙可见腹部背面。烟粉虱通常产卵在叶片背面，卵发育后肉眼可见淡黄色若虫。叶片被害处常见烟粉虱分泌的蜜露及诱发的煤污病，被害植株衰弱，果实成熟不均匀。

【防治措施】

□**栽培措施：**培育无虫苗。

□**综合防治：**悬挂黄色粘板，棚室内释放丽蚜小蜂。

□**药剂防治：**①灌根法：幼苗定植前用25%噻虫嗪水分散粒剂3000倍液灌根，30～50毫升/株。② 喷雾法：1.8%阿维菌素乳油2000～2500倍液、10%烯啶虫胺水剂1000～2000倍液、50%噻虫胺水分散粒剂6500倍液、25%噻嗪酮可湿性粉剂1000～1500倍液、22.4%螺虫乙酯悬浮剂1500～2500倍液等。③烟雾法：棚室内傍晚收工时将敌敌畏或异丙威烟剂250克/亩分成几份点燃。

3.蚜　虫

蚜虫为害甜瓜叶片症状

蚜虫在西瓜叶背为害状

蚜虫在甜瓜结瓜期为害状

【发生时期】全生育期均可发生。

【识别要点】以成蚜和幼蚜刺吸植物汁液，并传播病毒病。体长约1.5毫米，口器刺吸式，体型呈卵圆形。腹部多为黄绿色或蓝黑色，腹部末端有腹管和尾片。具有翅蚜和无翅蚜。常聚集在叶片背面、嫩头和茎上为害。被害株瓜叶畸形、卷缩，植株失水营养不良，被害处常见蜜露及霉菌。

【防治措施】

□ **栽培措施：**清洁田园。

□ **物理防治：**采用30目银灰色防虫网覆盖通风口和门窗，也可在瓜田悬挂银灰色塑料或地膜条；悬挂黄色粘板（20块/亩）诱杀有翅蚜。

□ **药剂防治：**①点片发生时，进行局部针对性喷雾（即挑治）。选用3%啶虫脒乳油1500倍液或10%吡虫啉可湿性粉剂2000倍液、25%噻虫嗪水分散粒剂5000倍液、2.5%联苯菊酯乳油3000倍液等。②熏烟法：点燃烟剂薰杀蚜虫，适于棚室瓜蚜发生较普遍时应用。

4.叶　螨

叶螨雌成螨

叶螨在西瓜叶片的为害状

叶螨在甜瓜叶片上结网为害状

【发生时期】全生育期均可发生。

【识别要点】以成螨和幼若螨刺吸叶片汁液，影响光合作用。叶螨体型微小，呈卵圆形；体色有深红色至锈红色、黄绿色，身体两侧各有黑斑。叶螨通常在叶背为害，为害初期叶片正面先出现白斑，然后逐渐变黄，严重时叶片干枯脱落，甚至整株死亡。叶螨数量居多时，常在茎叶处结网。

【防治措施】

□**栽培措施：**培育无螨苗和清洁田园及周边杂草。

□**生物防治：**田间释放植绥螨来捕食叶螨。

□**药剂防治：**可选择10%浏阳霉素乳油1000倍液、0.3%印楝素乳油800～1000倍液、1.8%阿维菌素乳油2500~3000倍液、2.5%联苯菊酯乳油2000倍液、73%克螨特乳油1500～3000倍液、5%噻螨酮乳油1500倍液、10%溴虫腈悬浮剂2000倍液、43%联苯肼酯悬浮剂稀释2000～3000 倍液等，轮换用药。

5.蓟　马

蓟马

蓟马在西瓜叶背为害状

蓟马在甜瓜花期为害状

【发生时期】全生育期均可发生。

【识别要点】以成虫和若虫锉吸寄主的嫩梢、嫩叶、花和幼果的汁液，并可传播病毒病。蓟马成虫体长1毫米，虫体淡黄色至橙黄色。为害叶片正面出现白色斑点，似病害症状，叶片在叶脉间留下灰色伤斑，并可连片；嫩梢和嫩叶僵硬缩小增厚；受害花瓣褪色，畸形；幼瓜和幼果表皮硬化变褐或开裂。

【防治措施】

□ **栽培措施：**培育无虫苗和清洁田园。

□ **生物防治：**田间释放胡瓜新小绥螨等天敌昆虫。

□ **药剂防治：**可选择6%乙基多杀霉素悬浮剂2500～3000倍液、10%溴虫腈悬浮剂1000倍液、1.8%阿维菌素乳油2500倍液或0.3%苦参碱乳油1000倍液。苗期可使用噻虫嗪灌根，防治效果优良。棚室内也可进行熏烟防治。

6.斑潜蝇

斑潜蝇在西瓜叶片上为害状

斑潜蝇在甜瓜叶片上为害状

斑潜蝇在西瓜伸蔓期为害状

【发生时期】全生育期均可发生，主要为害叶片，成虫和幼虫均可造成为害。

【识别要点】斑潜蝇雌成虫用产卵器刺破叶片上表皮，形成人肉眼可见的白色刻点状刺孔。蛀食叶肉的幼虫数量大时常蛀空叶片，使叶片萎缩，严重时造成叶片干枯死亡。

【防治措施】

□ **栽培措施：** 培育无虫苗和收获后清洁田园。

□ **综合防治：** 保护地和苗房加设防虫网，悬挂黄色粘虫板。

□ **药剂防治：** 可选择10%灭蝇胺悬浮剂800倍液、10%溴虫腈悬浮剂1000倍液、1.8%阿维菌素乳油2500～3000倍液、40%阿维•敌畏乳油1000倍液、4.5%高效氯氰菊酯乳油1000～1500倍液、10%吡虫啉可湿性粉剂1000倍液等。棚室内还可熏烟防治。

7. 瓜绢螟

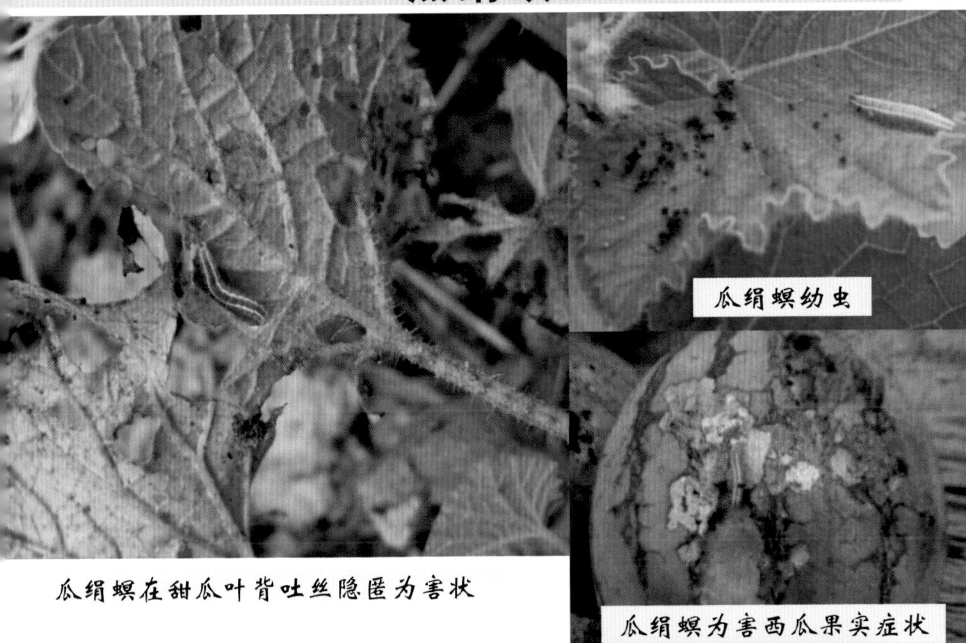

瓜绢螟幼虫

瓜绢螟在甜瓜叶背吐丝隐匿为害状

瓜绢螟为害西瓜果实症状

【发生时期】全生育期均可发生。

【识别要点】初孵幼虫取食叶肉使被害叶片呈灰白色斑块；3龄后吐丝将叶片缀合，幼虫匿居其中取食；4、5龄幼虫食量大，可吃光全叶仅存叶脉，幼虫也可咬食嫩茎和果蒂。在植株生长后期，幼虫常啃食瓜的表皮或蛀入瓜内为害。

【防治措施】

□ **栽培措施：**清洁田园。

□ **物理防治：**安装杀虫灯或黑光灯。

□ **药剂防治：**5%氯虫苯甲酰胺悬浮剂1000倍液、15%茚虫威悬浮剂3500倍液、24%甲氧虫酰肼悬浮剂1000倍液、10%溴虫腈悬浮剂1500倍液、1.8%阿维菌素乳油1500倍液、2.5%多杀菌素悬浮剂1500倍液、2.5%定虫隆乳油1000倍液、40%辛硫磷乳油1000倍液、0.36%苦参碱乳油1000倍液、20%杀灭菊酯乳油2500倍液。

8.黄守瓜

黄守瓜在甜瓜上为害状

黄守瓜成虫

黄守瓜蛹

【发生时期】全生育期均可发生，苗期受害影响更大。

【识别要点】成虫和幼虫均可为害。成虫喜取食嫩叶，常以身体作半径旋转绕圈咬食，在叶片上留下环形或半环形缺刻，田间很易识别该典型症状；也常咬断瓜苗嫩茎，引起死苗；初孵幼虫孵化后即潜入土内为害寄主的细根，稍大后蛀食主根或贴地面的瓜果皮层，导致瓜苗枯死，果实腐烂等。

【防治措施】

- **栽培措施**：清除田园，填平土缝；间作或轮作；覆盖地膜等。
- **物理防治**：棚室等保护地瓜类栽培覆盖防虫网；清晨人工捕杀成虫。
- **药剂防治**：①喷雾法：选用10％高效氯氰菊酯乳油3000倍液、2.5％溴氰菊酯乳油3000～4000倍液、或21%增效氰•马乳油6000倍液、20％氰戊菊酯乳油3000倍液等喷雾。②灌根法：幼苗萎蔫初期，可采用80%敌百虫可溶性粉剂、50%辛硫磷乳油1000倍液、2.5％鱼藤酮乳油1000倍液灌根，每株灌100～200毫升，可杀灭根部幼虫。

附录1：科学、合理、安全使用农药防治西瓜、甜瓜病虫害

西瓜、甜瓜移栽定植后，采取合理的农事操作、科学的肥水管理等栽培措施可以延缓、减轻病虫害的发生为害，但是化学农药仍然是有效控制和防治病虫害发生流行的主要措施。西瓜、甜瓜病虫害的药剂防治应该遵循以下原则：

(1) **对症下药。**防治病虫害的农药种类较多，但是每种农药及其不同剂型都有其适宜防治的对象，应根据所发生的病虫害种类，有针对性地选用高效、低毒、低残留药剂，做到对症下药。

(2) **适时用药。**根据病虫害的发生规律以及田间实际发生动态，确定药剂防治时期。种传病害应该以种子处理为主，个别植株发生病虫害时及时挑治和局部施药，必要时进行全田喷施和预防，但施药应在病虫害发生初期进行喷施。

(3) **科学施药。**按照农药使用说明书确定用药量及其使用浓度，不能盲目增加用量、擅自增加药液浓度；根据病虫害种类及其为害部位，确定药剂防治的正确方法及重点施药部位，施药时做到细致均匀；露地栽培中应根据天气情况选择合适时机进行药剂防治。

(4) **轮换用药。**在一个生长季节内应轮换使用不同作用机制的农药，不要单一使用一种农药，以延缓病菌和害虫对药剂产生抗药性及抗性发展的速度。

附录2：西瓜、甜瓜病虫害防治常用药剂及使用方法

通用名	商品名	防治对象	使用量	施用方法	生产厂家
棉隆	必速灭	枯萎病、根腐病等土传病害	25~30千克/亩	土壤消毒	浙江海正化工股份有限公司
25%咪鲜胺	使百克	枯萎病	1500倍液	灌根	江苏辉丰农化有限公司
50%异菌脲	扑海因	枯萎病 灰霉病	1500倍液	灌根、喷雾	德国拜耳公司
50%多菌灵	多菌灵	枯萎病	500倍液	灌根	江苏蓝丰生物化工公司
43%戊唑醇	好力克	根腐病	1000倍液	灌根、泼浇	德国拜耳公司
30%己唑醇		根腐病、炭疽病、叶枯病、叶斑病	3000倍液	灌根、泼浇、喷雾	江苏剑牌农药化工有限公司
70%甲基硫菌灵	甲基托布津	根腐病、蔓枯病、叶枯病、叶斑病	750倍液	灌根、泼浇、喷雾	兴农药业
多•福•溴	中保炭息	炭疽病	600~800倍液	喷雾	中国农科院植保所廊坊农药中试厂
25%溴菌腈	炭特灵	炭疽病	500倍液	喷雾	江苏托球农化股份有限公司

通用名	商品名	防治对象	使用量	施用方法	生产厂家
40%百菌清	达科宁	蔓枯病	600倍液	喷雾	先正达作物保护有限公司
50%氯溴异氰尿酸	消菌灵	蔓枯病	1000倍液	喷雾	德民欣农业生物科技公司
45%咪鲜胺	施保克	炭疽病	2500倍液	喷雾	德国拜耳公司
25%三唑酮	粉锈宁	白粉病	2000~3000倍液	喷雾	江苏建农农药化工有限公司
10%苯醚甲环唑	世高	白粉病	1000倍液	喷雾	先正达作物保护有限公司
64%杀毒矾		疫病	400~500倍液	喷雾	浙江威尔奇生物药业公司
25%甲霜灵	瑞毒霉	霜霉病	500倍液	喷雾	江苏宝灵化工股份有限公司
50%烯酰吗啉	安克	霜霉病、疫病	1500倍液	喷雾	德国巴斯夫股份有限公司
霜脲•锰锌	霜霉疫净	霜霉病	600~800倍液	喷雾	中国农科院植保所廊坊农药中试厂
霜霉威盐酸盐	中保露洁	疫病	600~800倍液	喷雾	中国农科院植保所廊坊农药中试厂
72%霜霉威		霜霉病	800倍液	喷雾	江苏瑞德邦化工科技有限公司

通用名	商品名	防治对象	使用量	施用方法	生产厂家
80%代森锰锌	大生	疫病	600倍液	喷雾	美国陶氏益农化工有限公司
58%甲霜灵锰锌		疫病	500~600倍液	喷雾	浙江禾本农药化学有限公司
40%嘧霉胺	施佳乐	灰霉病	1000倍液	喷雾	德国拜耳公司
72%农用硫酸链霉素		果斑病	1500倍液	喷雾	石家庄曙光制药厂
46.1%氢氧化铜	可杀得3000	果斑病	1000倍液	喷雾	美国杜邦公司
6%嘧肽霉素	喜戈	病毒病	300倍液	叶面喷施	桂林集琦生化有限公司
8%宁南霉素	亮叶	病毒病	500倍液	叶面喷施	德强生物股份有限公司
30%毒氟磷	金禾	病毒病	800倍液	叶面喷施	广西田园农化
阿维•啶虫脒	中保剑诛	瓜蚜	1200~1500倍液	喷雾	中国农科院植保所廊坊农药中试厂
阿维•杀虫单	斑潜净	美洲斑潜蝇	1000~1200倍液	喷雾	中国农科院植保所廊坊农药中试厂

通用名	商品名	防治对象	使用量	施用方法	生产厂家
阿维•哒螨灵	中保杀螨	瓜叶螨	1000~1200倍液	喷雾	中国农科院植保所廊坊农药中试厂
25%噻虫嗪水分散粒剂	阿克泰	粉虱	5000倍液	灌根或喷雾	先正达作物保护有限公司
22%氟啶虫胺腈悬浮剂	特福力	烟粉虱	1000~1500倍液	喷雾	美国陶氏益农公司
19%溴氰虫酰胺悬浮剂	维瑞玛	烟粉虱、蓟马	1000~1500倍液	苗床喷淋	美国杜邦公司
19%溴氰虫酰胺悬浮剂	维瑞玛	瓜绢螟	2000~2500倍液	苗床喷淋	美国杜邦公司
10%啶虫脒可溶液剂		粉虱、蚜虫	1500倍液	喷雾	济南绿霸农药有限公司
10%溴氰虫酰胺可分散油悬浮剂	倍内威	粉虱、蓟马、蚜虫	1500~2000倍液	喷雾	美国杜邦公司
1.8%阿维菌素乳油		粉虱、蓟马、蚜虫、斑潜蝇	2000倍液	喷雾	河北伊诺生化有限公司
20%氰戊菊酯乳油		黄守瓜	3000倍液	喷雾	南京红太阳股份有限公司

通用名	商品名	防治对象	使用量	施用方法	生产厂家
24%虫螨腈悬浮剂	帕力特	叶螨	2500倍液	喷雾	巴斯夫欧洲公司
6%乙基多杀菌素悬浮剂	艾绿士	蓟马	2500倍液	喷雾	美国陶氏益农公司
22.4%螺虫乙酯悬浮剂	亩旺特	蚜虫、粉虱、蓟马	2000~2500倍液	喷雾	拜耳作物科学（中国）有限公司
43%联苯肼酯悬浮剂	爱卡螨	叶螨	2000~3000倍液	喷雾	陕西韦尔奇作物保护有限公司
10%灭蝇胺悬浮剂		斑潜蝇	800倍液	喷雾	山东荣邦化工有限公司
10%乙螨唑悬浮剂	来福禄	叶螨	4000~5000倍液	喷雾	广东金农达生物科技有限公司
20%氯虫苯甲酰胺悬浮剂	康宽	瓜绢螟	3000倍液	喷雾	美国杜邦公司
10%吡虫啉可湿性粉剂	户晓	斑潜蝇、蚜虫、粉虱	1000倍液	喷雾	山东中农联合生物科技股份有限公司
10%高效氯氰菊酯乳油		黄守瓜	3000倍液	喷雾	山东恒利达生物科技有限公司
15%哒螨灵乳油		叶螨	2500~3000倍液	喷雾	山东省联合农药工业有限公司